T . Gomathi
A. Aranganathan
V. Vedanarayanan

Robô inteligente de deteção de intrusões na segurança das fronteiras utilizando a IoT

T . Gomathi

A. Aranganathan

V. Vedanarayanan

Robô inteligente de deteção de intrusões na segurança das fronteiras utilizando a IoT

Sistema inteligente de segurança fronteiriça

ScienciaScripts

Imprint
Any brand names and product names mentioned in this book are subject to trademark, brand or patent protection and are trademarks or registered trademarks of their respective holders. The use of brand names, product names, common names, trade names, product descriptions etc. even without a particular marking in this work is in no way to be construed to mean that such names may be regarded as unrestricted in respect of trademark and brand protection legislation and could thus be used by anyone.

Cover image: www.ingimage.com

This book is a translation from the original published under ISBN 978-620-7-80964-6.

Publisher:
Sciencia Scripts
is a trademark of
Dodo Books Indian Ocean Ltd. and OmniScriptum S.R.L publishing group

120 High Road, East Finchley, London, N2 9ED, United Kingdom
Str. Armeneasca 28/1, office 1, Chisinau MD-2012, Republic of Moldova, Europe
Printed at: see last page
ISBN: 978-620-7-87891-8

Robô inteligente de deteção de intrusões na segurança das fronteiras utilizando a IoT

RESUMO

Espiar significa literalmente observar à distância. Neste artigo, descreve-se o trabalho de conceção e implementação de um robô espião baseado no Android. O principal objetivo do desenvolvimento deste robô é a vigilância das actividades humanas no campo de guerra ou o conhecimento da situação em caso de catástrofe, para reduzir o risco de vida. O robô, juntamente com a câmara, pode transmitir vídeo em tempo real, sem fios, com capacidades de visão nocturna e com capacidades multissensoriais. Este robô é utilizado para recolher informações de terrenos remotos e monitorizar essas informações num local distante e seguro com a ajuda da tecnologia IOT. É muito utilizado devido à sua simplicidade e à sua capacidade de ser modificado para responder a mudanças de necessidades.

A transmissão de vídeo é praticamente conseguida através de transmissões de imagem de alta velocidade. O robô servirá como uma máquina adequada para o sector da defesa e também impedirá actividades ilegais. O robô ajudará a polícia ou as forças militares/armadas a conhecer o estado do território antes de entrar nele. A integração da IoT e dos sistemas incorporados permite que o IBDSIR se adapte a ambientes fronteiriços dinâmicos, optimizando a atribuição de recursos e o tempo de resposta, minimizando os falsos alarmes. Além disso, o sistema pode ser facilmente dimensionado e personalizado para atender a requisitos específicos de segurança nas fronteiras e restrições operacionais. No geral, o IBDSIR representa uma abordagem promissora para melhorar a segurança das fronteiras através da implantação de sistemas robóticos inteligentes, aproveitando as tecnologias IoT e de sistemas incorporados para a deteção e resposta eficazes a ameaças.

Índice

CAPÍTULO 1 - INTRODUÇÃO

Atualmente, os robôs estão a tornar-se uma plataforma para desenvolver ou descobrir uma máquina que facilite o trabalho do ser humano. Um robô é basicamente um dispositivo inteligente concebido para ajudar os seres humanos em quase todos os domínios relevantes ou irrelevantes. Os robôs não têm uma forma fixa, nem foram especificados para um determinado domínio ou para um determinado trabalho. Podem ser fabricados ou transformados em qualquer forma, consoante o domínio de aplicação. Muito provavelmente, hoje em dia os robôs são fabricados com a ajuda de tecnologias adicionais, por exemplo, em vez de serem orientados para a ligação, os robôs estão a ser construídos com um motivo totalmente menos ligado, ou seja, sem fios. Além disso, com a ajuda de motivos de vigilância, podem ser facilmente monitorizadas diferentes situações, regiões que descrevem várias dificuldades. Assim, para melhorar estas características, implementámos um robô de vigilância sem fios para monitorizar situações ambientais de forma eficiente. Este projeto centra-se no desenvolvimento de um robô inteligente de deteção de intrusões nas fronteiras (IBIDR) que utiliza tecnologias IoT e sistemas incorporados para reforçar as capacidades de vigilância das fronteiras. O IBIDR tem como objetivo patrulhar autonomamente as zonas fronteiriças, utilizando uma rede de sensores e algoritmos inteligentes para detetar e responder prontamente a potenciais ameaças. Ao integrar a conetividade IoT, o robô pode transmitir dados dos sensores a uma unidade de controlo central para análise e tomada de decisões em tempo real. A implantação do IBIDR oferece várias vantagens em relação às abordagens tradicionais de segurança das fronteiras. O seu funcionamento autónomo reduz a necessidade de supervisão humana constante, minimizando assim os requisitos de mão de obra e os custos operacionais. Além disso, a integração de sensores e algoritmos avançados aumenta a capacidade do sistema para detetar e classificar com precisão vários tipos de ameaças, incluindo passagens de fronteira não autorizadas, actividades suspeitas e potenciais violações de segurança. Esta introdução prepara o terreno para explorar a conceção, implementação e avaliação do IBIDR como uma nova solução para melhorar a segurança das fronteiras. Ao alavancar a IoT e as tecnologias de sistemas incorporados, a IBIDR tem como objetivo fornecer uma abordagem escalável e eficaz à vigilância das fronteiras, contribuindo para melhorar a segurança nacional e as estratégias de gestão das fronteiras.

1.1. MOTIVAÇÃO

O sistema existente inclui um robô que funciona da mesma forma que outros robôs tradicionais e tem muitos inconvenientes, tais como o facto de um robô trabalhar com meios tecnológicos específicos, ser falsamente fiável, etc. O sistema existente é muito vulnerável para entrar em contacto com a área que enfrenta dificuldades e não existe qualquer mecanismo de resposta. É também muito moroso abordar a questão e resolvê-la. Na nossa proposta de trabalho, o robot preenche os requisitos acima referidos. É muito útil para a monitorização em zonas onde não existe ligação à Internet e também para o colapso do sistema de comunicação durante qualquer catástrofe.

1.2. DECLARAÇÃO DO PROBLEMA

O problema gira em torno do desenvolvimento de um Robô Inteligente de Deteção de Intrusões nas Fronteiras (IBIDR) que aborda estes desafios através do aproveitamento da IoT e das tecnologias de sistemas incorporados. O IBIDR visa fornecer uma solução rentável e escalável para reforçar a segurança das fronteiras, capaz de patrulhar autonomamente as zonas fronteiriças, detetar intrusões em tempo real e iniciar acções de resposta adequadas para mitigar eficazmente as ameaças à segurança

1.3. OBJECTIVOS

- Pode ser utilizado para fins de espionagem.

- Pode ser utilizado para fins de vigilância, tanto de dia como de noite.

- Pode ser controlado através de qualquer telemóvel.

- Reduzir o risco de vida humana e evitar actividades ilegais.

- Pode ser utilizado para efetuar trabalhos impossíveis de realizar pelo homem.

Muitas vezes, os robots são utilizados para realizar trabalhos que poderiam ser efectuados pelo homem. No entanto, há muitas razões pelas quais os robots são melhores do que os humanos na execução de determinadas tarefas. Neste sentido, este projeto fornece um robô sem fios com melhores meios de vigilância para enfrentar situações difíceis no ambiente. Para além disso, a vantagem óbvia de não ter de arriscar qualquer pessoal, terrestre ou aéreo, este robô também pode procurar pormenores que não são visíveis para os humanos.

CAPÍTULO 2 - REVISÃO DA LITERATURA

2.1 INTERFERÊNCIA DA PESQUISA BIBLIOGRÁFICA

G.R. Sri Sudharsna, A. Srinivasan el al Propuseram um trabalho sobre a conceção de um robô de vigilância por vídeo sem fios utilizando Raspberry-Pi.

A vigilância por vídeo desempenha um papel fundamental nos sistemas de segurança. A videovigilância sem fios será o substituto dos sistemas de vigilância em standby. O robô de videovigilância proposto pode ser movido em qualquer direção, de acordo com as instruções da página Web, e transmite o vídeo captado em direto através da página Web. O Raspberry - pi é o coração deste robot. Dois módulos de software, "MOTION" e "FLASK", são incorporados para obter a transmissão em direto e para transferir instruções da página Web para o Raspberry-pi. Pode ser utilizado em aplicações militares de pequena dimensão e o enorme desenvolvimento da tecnologia permite obter sistemas de segurança inatacáveis. A videovigilância é o processo de monitorização de uma determinada área, pessoas, etc. A segurança desempenha o papel mais preeminente na vida quotidiana. Este robô de videovigilância sem fios pode ser acedido facilmente em qualquer lugar. Este robô de videovigilância sem fios é composto por Raspberry-pi, que é o componente-chave que leva o robô a produzir o streaming válido. Os subcomponentes deste robô são a Webcam, os motores DC, o IC (L293D) do controlador do motor, o chassis e o banco de potência.

Ashish U. Bokade e V. R. Ratnaparkhe el al propuseram o trabalho sobre o controlo de robôs de videovigilância utilizando o smartphone e o Raspberry Pi

Este artigo propõe um método de controlo de um robô sem fios para vigilância utilizando uma aplicação construída na plataforma Android. A aplicação Android abre uma página Web com um ecrã de vídeo para vigilância e botões para controlar o robô e a câmara. O smartphone Android e a placa Raspberry pi estão ligados a uma rede Wi-Fi. Um smartphone Android envia um comando sem fios que é recebido pela placa Raspberry pi e, consequentemente, o robô move-se. O streaming de vídeo é feito usando o programa streamer MJPG que obtém dados mjpg e envia-os através de uma sessão HTTP. A programação da Raspberry pi é feita em linguagem python. O resultado experimental mostra que o vídeo transmitido até 15 quadros por segundo. Termos de índice - Aplicação Android, Robô, Raspberry pi, Vigilância. Raspberry Pi É utilizado o Raspberry pi 2 Modelo B, que oferece uma capacidade de processamento 6 vezes superior à da sua versão anterior. Em [4-7] afirma-se que esta placa Pi tem um processador Broadcom BCM2836 ARMCortex-A7 900MHz atualizado. Esta placa também tem uma memória aumentada de 1Gbyte LPDDR2 RAM. A placa Pi arranca a partir do cartão Micro SD que executa uma versão do sistema operativo Linux. A placa Raspberry Pi é a l i m e n t a d a por uma tomada Micro USB de 5 Volts, 2 Amperes. A própria placa tem uma tomada Ethernet 10/100 BaseT e um conetor USB 2.0 de 4 números.

A Sra. R. Chitra el al propôs o trabalho no Spy Robot Surveillance System usando IoT

Vigilância significa literalmente observar à distância. As câmaras de vigilância e o reconhecimento facial são utilizados para vigiar espaços públicos e privados e para identificar pessoas. A eficácia desta tecnologia é discutível, mas está a tornar-se cada vez mais difundida e mais invasiva. Assim, este documento propõe um robô de vigilância que se pode mover e tem capacidades multi-sensoriais incorporadas. O principal motivo do documento é a vigilância de actividades humanas em áreas remotas onde a intervenção humana é difícil ou arriscada. O robô é utilizado para recolher informações do terreno remoto e monitorizar essas informações num local distante e seguro com a ajuda da tecnologia IoT. Palavras-chave: Raspberry Pi 3, Sensor PIR, Sensor IR, Página Web, Motor DC, Python, IoT, HTML, PHP. Este artigo envolve a implementação de um sistema de vigilância que utiliza um robô com IoT activada. Todo o sistema está dividido em duas partes: hardware e software. O hardware é o protótipo robótico em movimento que é utilizado para detetar, capturar e transmitir os dados capturados através da IoT. O software consiste numa página Web com a interface de utilizador necessária para controlar manualmente os movimentos robóticos, receber os dados do módulo de hardware e notificar o utilizador de quaisquer intrusões. O hardware é controlado principalmente pelo microcontrolador Raspberry Pi 3.

Neha Joisher K.J el al propôs o trabalho sobre Sistema de Vigilância Utilizando Carro Robótico

A videovigilância é o processo de monitorização de uma situação, de uma área ou de uma pessoa. Isto ocorre geralmente num cenário militar em que a vigilância das fronteiras e do território inimigo é essencial para a segurança de um país. A vigilância humana é conseguida através da colocação de pessoal perto de áreas sensíveis, a fim de monitorizar constantemente as alterações. Mas os seres humanos têm as suas limitações e nem sempre é possível a sua colocação em locais inacessíveis. Desenvolvemos um robô que pode ser utilizado para vigilância e monitorização por vídeo e que pode ser controlado através de uma GUI. O mecanismo de controlo é dotado de um dispositivo de transmissão de vídeo. A transmissão de vídeo é efectuada praticamente através da transmissão de imagens a alta velocidade. Inicialmente, o robô será equipado com uma câmara que captará as cenas e transferirá as imagens para o servidor no qual o utilizador controlará e verá a transmissão em direto. Palavras-chave - Vigilância, Raspberry pi, Robô. I.

CAPÍTULO 3 - OBJECTIVO E FOCO DO PROJECTO

3.1 OBJECTIVO

O objetivo deste projeto é conceber, desenvolver e implementar um Robô Inteligente de Deteção de Intrusão nas Fronteiras (IBIDR) que aproveita a IoT e as tecnologias de sistemas incorporados para melhorar as medidas de segurança nas fronteiras.

3.2. FOCO DO TRABALHO

3.2.1. CONCEPÇÃO E DESENVOLVIMENTO

O projeto envolverá a conceção dos componentes de hardware e software do IBIDR, incluindo a seleção de sensores, actuadores e módulos de comunicação adequados. O processo de desenvolvimento incluirá a construção da plataforma física do robô, a integração de sensores e o desenvolvimento de algoritmos para a deteção e resposta a ameaças em tempo real.

3.2.2. INTEGRAÇÃO DA IOT

O IBIDR será equipado com capacidades IoT para permitir uma comunicação perfeita entre o robô e uma unidade de controlo central. Esta integração facilitará a transmissão de dados de sensores para análise e tomada de decisões, bem como permitirá a monitorização e o controlo remotos das operações do robô.

3.2.3. FUSÃO DE SENSORES E PROCESSAMENTO DE DADOS

O projeto centrar-se-á na implementação de algoritmos para a fusão de sensores e o processamento de dados para aumentar a precisão e a fiabilidade da deteção de ameaças. Isto inclui a integração de dados de vários sensores, tais como câmaras, sensores de infravermelhos e sensores ultra-sónicos, para gerar uma consciência situacional abrangente do ambiente fronteiriço.

3.2.4. FUNCIONAMENTO AUTÓNOMO

A IBIDR será concebida para funcionar de forma autónoma, patrulhando rotas predefinidas ao longo da fronteira e adaptando-se dinamicamente às mudanças no ambiente. Isto inclui algoritmos de prevenção de obstáculos, planeamento de trajectórias e navegação para garantir um funcionamento seguro e eficiente em condições de terreno complexas.

3.2.5. DETECÇÃO DE AMEAÇAS EM TEMPO REAL

O projeto dará ênfase ao desenvolvimento de algoritmos inteligentes para a deteção de ameaças em tempo real, incluindo a identificação de passagens de fronteira não autorizadas, actividades suspeitas e potenciais violações da segurança. Poderão ser utilizadas técnicas de aprendizagem automática para melhorar a capacidade do sistema para reconhecer e classificar as ameaças com exatidão.

3.2.6. MECANISMOS DE RESPOSTA

O IBIDR será capaz de iniciar acções de resposta adequadas ao detetar uma ameaça potencial, como alertar o pessoal de segurança nas proximidades, ativar medidas dissuasoras ou captar provas através de gravação vídeo.

3.2.7 ESCALABILIDADE E ADAPTABILIDADE

O projeto terá em conta a escalabilidade e a adaptabilidade do IBIDR a diferentes ambientes fronteiriços e requisitos operacionais. Isto inclui a conceção de componentes de hardware e software modulares e configuráveis que possam ser facilmente personalizados e implementados em vários cenários de segurança das fronteiras.

CAPÍTULO 4 - METODOLOGIA

4.1. REQUISITOS DE HARDWARE

- Arduino uno

- Alimentação eléctrica

- Sensor ultrassónico

- Bluetooth

- Módulo de cames Esp32

- Luz LED

- Módulo de acionamento do motor

- Motores Dc

- Chassis robótico

- Sensor Ldr

4.2. REQUISITOS DE SOFTWARE

- IDE Arduino

4.3. DIAGRAMA DE BLOCO

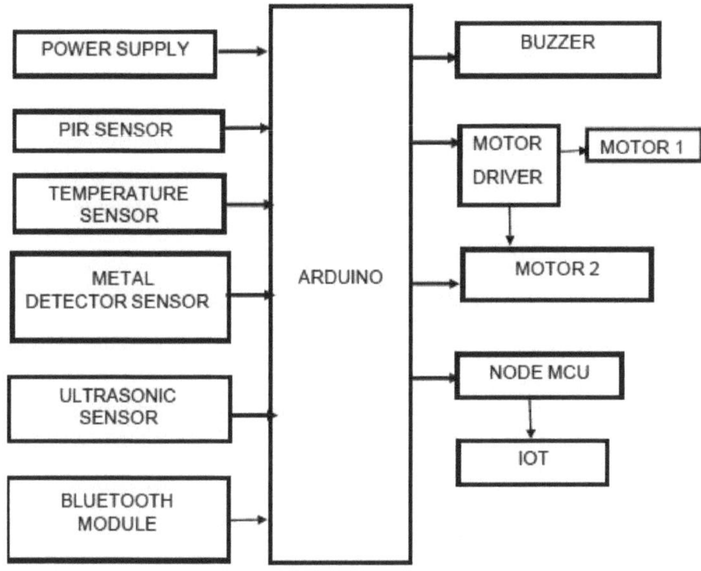

FIG:4.1 Diagrama de blocos

O diagrama de blocos representa uma conceção de sistema abrangente para a vigilância da segurança das fronteiras, incorporando vários sensores e módulos para detetar e responder a potenciais ameaças. No centro do sistema está a fonte de alimentação, que fornece energia eléctrica a todos os componentes. O sensor PIR, ou sensor de infravermelhos passivo, funciona como um detetor de movimento, detectando a radiação de infravermelhos emitida por objectos em movimento, tais como pessoas e animais, ao longo da fronteira. Isto faz com que o sistema seja ativado e inicie medidas de vigilância. O sensor de temperatura monitoriza a temperatura ambiente, fornecendo dados sobre as condições ambientais relevantes para efeitos de vigilância das fronteiras. O sensor detetor de metais desempenha um papel importante na deteção de objectos metálicos, ajudando na identificação de ameaças enterradas ou ocultas. Além disso, o sensor ultrassónico contribui para as capacidades de vigilância do sistema, medindo a distância e detectando obstáculos no caminho do robô. O módulo Bluetooth facilita a comunicação sem fios, permitindo a transmissão de dados entre o robô e dispositivos externos, como smartphones e centros de controlo. A campainha funciona como um sistema de alerta auditivo. O controlador do motor controla o movimento do motor do robô. O Node MCU fornece a capacidade de processamento necessária ao sistema, facilitando a integração com a IoT. Em conjunto, estes componentes formam um sistema robusto e versátil para a vigilância da segurança das fronteiras.

4.4. PROCESSO DE IMPLEMENTAÇÃO

FASE I: CONCEPÇÃO DO SISTEMA MECÂNICO DO CARRO ROBÓTICO:

Conceção do circuito do carro robótico com sistema de iluminação. Agora, os componentes são ligados em conformidade com o projeto do circuito. No final da fase 1, o sistema mecânico do carro robótico está concluído. Os testes e a validação são efectuados no final da fase.

FASE II: CONCEPÇÃO DE UM SISTEMA DE CÂMARA COM SENSORES UTILIZANDO O ARDUINO UNO:

Agora, o sistema de câmara do carro robótico, juntamente com os sensores, é ligado ao sistema principal utilizando o microcontrolador Arduino uno. Na fase 2, o sistema de câmara com sensores é ligado ao sistema principal do carro robótico. Os testes e a validação são efectuados no final da fase.

FASE III: CONCEPÇÃO DA APLICAÇÃO ANDROID E EXECUÇÃO FINAL DO CARRO ROBÓTICO COM SISTEMA DE ILUMINAÇÃO:

Agora, é concebida e implementada uma aplicação androide para controlar o sistema do carro robótico. O teste final e a validação são efectuados no final da fase.

4.5. DESCRIÇÃO DO HARDWARE

4.5.1 ARDUINO UNO E SUA PROGRAMAÇÃO

O Arduino é uma ferramenta para criar computadores que podem sentir e controlar mais do mundo físico do que o seu computador de secretária. Trata-se de uma plataforma de computação física de código aberto baseada numa placa microcontroladora simples e num ambiente de desenvolvimento para escrever software para a placa. O Arduino pode ser utilizado para desenvolver objectos interactivos, recebendo entradas de uma variedade de interruptores ou sensores e controlando uma variedade de luzes, motores e outras saídas físicas. Os projectos Arduino podem ser autónomos ou podem ser comunicados com software executado no seu computador. As placas podem ser montadas à mão ou compradas pré-montadas; o IDE de código aberto pode ser descarregado gratuitamente. A linguagem de programação do Arduino é uma implementação do Wiring, uma plataforma de computação física semelhante, que se baseia no ambiente de programação multimédia Processing.

4.5.2 NODE MCU ESP8266 COM ARDUINO

O Node MCU é um firmware de código aberto baseado em Lua e uma placa de desenvolvimento especialmente direccionada para aplicações baseadas na IoT. Inclui firmware que corre no SoC Wi-Fi ESP8266 da Espressif Systems, e hardware que se baseia no módulo ESP-12. A placa de desenvolvimento Node MCU pode ser facilmente programada com o Arduino IDE, uma vez que é fácil de utilizar. A programação da NodeMCU com o Arduino IDE demora apenas 5 a 10 minutos. Tudo o que precisa é do Arduino IDE, de um cabo USB e da própria placa Node MCU. Pode consultar este tutorial de iniciação ao NodeMCU para preparar o seu IDE Arduino para o NodeMCU. O NodeMCU é um firmware de código aberto para o qual estão disponíveis projectos de placas de protótipos de código aberto. O nome "NodeMCU" combina "node" (nó) e "MCU" (unidade de microcontrolador).[8] O termo "NodeMCU" refere-se estritamente ao firmware e não aos kits de desenvolvimento associados.

Fig:4.2 Nó MCU

4.5.3 SENSORES ULTRA-SÓNICOS (UV) OU SENSORES DE ULTRA-SONS

Os morcegos são criaturas maravilhosas. Cegos dos olhos e com uma visão tão precisa que conseguem distinguir entre uma traça e uma folha partida, mesmo quando voam a toda a velocidade. Sem dúvida que a visão é mais nítida do que a nossa e está muito para além das capacidades humanas de ver, mas não está certamente para além da nossa compreensão. O alcance ultrassónico é a técnica utilizada pelos morcegos e por muitas outras criaturas do reino animal para fins de navegação. Numa tentativa de imitar as formas da natureza para obter uma vantagem sobre tudo, nós, humanos, não só compreendemos como imitámos com sucesso algumas destas manifestações e aproveitámos ao máximo o seu potencial.

FIG:4.3 Sensor ultrassónico

Quadro :4.1 Aplicações dos sensores ultra-sónicos

Domínio	Parâmetro	Aplicações

Tempo	Tile-of-Flight, Velocidade	Densidade, Espessura, Deteção de defeitos, Anisotropia, Robótica, Remoto Deteção, etc.
Atenuação	Flutuações nos sinais reflectidos e transmitidos	Caracterização de defeitos, microestruturas, análise de interfaces
Frequência	Espectroscopia ultra-sónica	Microestrutura, tamanho de grão, porosidade, análise de fases.
Imagem	Tempo de voo, velocidade, mapeamento de atenuação em Raster C-Scan ou SARs	Superfície e interior Imagiologia de defeitos, densidade, velocidade, 2D e 3D

4.5.4 CHASSIS ROBÓTICO

Um chassis robótico é a estrutura fundamental sobre a qual os componentes de um robô são montados ou integrados, fornecendo suporte, estabilidade e mobilidade essenciais. Construído a partir de materiais como alumínio, aço, fibra de carbono ou plástico, o chassis deve encontrar um equilíbrio entre ser leve para uma mobilidade eficiente e suficientemente robusto para suportar os rigores do ambiente a que se destina. A sua conceção varia muito, desde plataformas planas a bases com rodas ou lagartas, e até estruturas articuladas, cada uma delas adaptada a aplicações e requisitos específicos.

FIG:4.4 CHASSIS ROBÓTICO

Integrados no chassis estão pontos de montagem, estrategicamente posicionados para facilitar a fixação de vários componentes, tais como motores, rodas, sensores, actuadores e eletrónica de controlo. Estes pontos de montagem asseguram uma distribuição de peso, equilíbrio e alinhamento adequados, cruciais para a funcionalidade e desempenho globais do robô. Além disso, o chassis acomoda o sistema de mobilidade, que determina a forma como o robô se move e navega no seu ambiente. Este sistema inclui rodas, lagartas, pernas ou outros mecanismos de locomoção, juntamente com sistemas de acionamento associados, como motores, engrenagens e transmissões. A escolha do sistema de mobilidade depende de factores como as condições do terreno, os requisitos de velocidade e a capacidade de manobra.

4.5.5 BATERIA DE CHUMBO-ÁCIDO DE 12V

Uma bateria de chumbo-ácido de 12V é um tipo de bateria recarregável normalmente utilizada numa variedade de aplicações, incluindo automóvel, marítima, armazenamento de energia solar e fontes de alimentação ininterrupta (UPS). É constituída por uma série de placas de chumbo submersas numa solução electrolítica de ácido sulfúrico e água. A construção envolve normalmente várias células ligadas em série para produzir uma tensão nominal de 12 volts. Cada célula da bateria contém uma placa positiva feita de dióxido de chumbo ($PbO2$), uma placa negativa feita de chumbo esponjoso (Pb) e um separador que impede que as placas entrem em contacto direto. Quando a bateria é carregada, ocorre uma reação química que converte o sulfato de chumbo ($PbSO4$) nas placas em dióxido de chumbo e chumbo, respetivamente. Durante a descarga, este processo inverte-se, libertando energia eléctrica à medida que o sulfato de chumbo se reforma nas placas.

FIG:4.5 BATERIA DE CHUMBO-ÁCIDO

Uma das principais vantagens das baterias de chumbo-ácido de 12V é o seu custo relativamente baixo em comparação com outras químicas de baterias. Oferecem também uma elevada capacidade de corrente de pico, o que as torna adequadas para aplicações que exijam curtas explosões de alta potência, como o arranque de motores em veículos. Além disso, as baterias de chumbo-ácido são conhecidas pela sua robustez e durabilidade, com a capacidade de suportar descargas profundas e funcionar de forma fiável numa vasta gama de temperaturas.

4.5.6 DETECTOR DE METAIS

O detetor de metais utilizado neste projeto serve como um componente crucial para detetar objectos metálicos ou potenciais ameaças ao longo da fronteira. Tipicamente integrado no sistema robótico, o detetor de metais emprega princípios electromagnéticos para identificar e localizar alvos metálicos enterrados no subsolo ou escondidos em várias superfícies. Composto por uma bobina ou antena de pesquisa, circuitos amplificadores e algoritmos de processamento de sinais, o detetor de metais emite campos electromagnéticos para a área circundante. Quando um objeto metálico entra no campo eletromagnético do detetor, induz correntes parasitas no metal, causando uma perturbação no campo. Esta perturbação é detectada pela bobina de pesquisa e amplificada pelos circuitos, produzindo um sinal sonoro ou visual para alertar o operador ou desencadear acções de resposta automatizadas pelo robô.

FIG:4.6 DETECTOR DE METAIS

A sensibilidade e a profundidade de deteção do detetor de metais dependem de factores como o tamanho da bobina, a frequência de funcionamento e as técnicas de processamento do sinal. O ajuste fino destes parâmetros permite ao detetor distinguir entre vários tipos de metais e detetar com precisão os alvos de interesse, minimizando os falsos alarmes. Além disso, os detectores de metais avançados podem apresentar capacidades de discriminação, permitindo-lhes filtrar sinais indesejados de objectos não metálicos, como rochas ou minerais. Isto aumenta a eficiência do detetor em ambientes fronteiriços reais com terreno diverso e condições desordenadas.

4.5.7 BLUETOOTH

É utilizado para muitas aplicações, como auscultadores sem fios, controladores de jogos, rato sem fios, teclado sem fios e muitas outras aplicações de consumo. Tem um alcance até <100 m, que depende do emissor e do recetor, da atmosfera, das condições geográficas e urbanas. É o protocolo normalizado IEEE 802.15.1, através do qual se pode construir uma rede de área pessoal (PAN) sem fios. Utiliza a tecnologia de rádio FHSS (Frequency Hopping Spread Spectrum) para enviar dados pelo ar. Utiliza a comunicação em série para comunicar com os dispositivos. Comunica com o microcontrolador utilizando a porta série (USART).

4.5.7.1 MÓDULO BLUETOOTH HC-05

O HC-05 é um módulo Bluetooth concebido para comunicação sem fios. Este módulo pode ser utilizado numa configuração mestre ou escrava.

Fig: 4.7 Módulo Bluetooth HC05

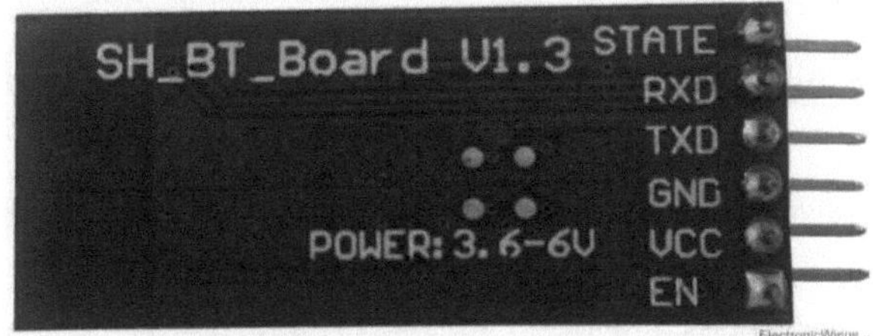

Fig:4.8 HC 05 Descrição dos pinos

Os módulos de série Bluetooth permitem a todos os dispositivos de série comunicar entre si através de Bluetooth. Tem 6 pinos,

4.5.7.2 EMPARELHAR O HC-05 E O SMARTPHONE:

Procure um novo dispositivo Bluetooth a partir do seu telemóvel. Irá encontrar um dispositivo Bluetooth com o nome "HC-05". Clique na opção ligar/emparelhar dispositivo; o pino predefinido para o HC-05 é 1234 ou

0000. Depois de emparelhar dois dispositivos Bluetooth, abra o software de terminal (por exemplo, Teraterm, Real term, etc.) no PC e seleccione a porta onde ligámos o USB ao módulo de série. Selecionar também a taxa de transmissão predefinida de 9600 bps. No smartphone, abrir a aplicação do terminal Bluetooth e ligar ao dispositivo emparelhado HC-05. A comunicação é simples, basta escrever na aplicação do terminal Bluetooth do smartphone. Os caracteres serão enviados sem fios para o módulo Bluetooth HC-05. O HC-05 transmite-os automaticamente em série para o PC, que aparecerá no terminal. Da mesma forma, podemos enviar dados do PC para o smartphone e o comando é o seguinte.

- Quando queremos alterar as definições do módulo Bluetooth HC-05, como alterar a palavra-passe para a ligação, a taxa de transmissão, o nome do dispositivo Bluetooth, etc.
- Para o efeito, o HC-05 dispõe de comandos AT.
- Para utilizar o módulo HC-05 Bluetooth no modo de comando AT, ligue o pino "Key" a High (VCC).
- A taxa de transmissão predefinida do HC-05 em modo de comando é de 38400bps.

- Seguem-se alguns comandos AT geralmente utilizados para alterar as definições do módulo Bluetooth.
- Para enviar estes comandos, temos de ligar o módulo Bluetooth HC-05 ao PC através de um conversor de série para USB e transmitir estes comandos através do terminal de série do PC.

Tabela:4.2 Descrição do comando HC05

Comando	Descrição	Resposta
AT	Controlo da comunicação	OK
AT+PSWD=XXXX	Definir palavra-passe Por exemplo, AT+PSWD=4567	OK

AT+NOME=XXXX	Definir o nome do dispositivo Bluetooth Por exemplo, AT+NAME=MyHC-05	OK
AT+UART=Baud taxa, bit de paragem, bit de paridade	Alterar taxa de transmissão Por exemplo, AT+UART=9600,1,0	OK
AT+VERSION?	Responder ao número da versão do módulo Bluetooth	+Versão: XX OK Por exemplo, +Versão: 2.0 20130107 OK
AT+ORGL	Enviar pormenores da regulação efectuada pelo fabricante	Parâmetros: tipo de dispositivo, modo de módulo, parâmetro de série, chave de acesso.

4.5.8 MÓDULO DE CÂMARA ESP32

O ESP32-CAM é um módulo de câmara de pequenas dimensões e baixo consumo de energia baseado no ESP32. Inclui uma câmara OV2640 e uma ranhura para cartão TF integrada. O ESP32-CAM pode ser amplamente utilizado em aplicações IoT inteligentes, tais como monitorização de vídeo sem fios, carregamento de imagens Wi-Fi, identificação QR, etc.

FIG:4.9 Módulo de câmara ESP32

4.5.9 DRIVER DE MOTOR L293D

O L293 e o L293D são condutores quádruplos de meia-H de alta corrente. O L293 foi concebido para fornecer correntes de acionamento bidireccionais até 1 A a tensões de 4,5 V a 36 V. O L293D foi concebido para fornecer correntes de acionamento bidireccionais até 600 mA a tensões de 4,5 V a 36 V. Ambos os dispositivos foram concebidos para acionar cargas indutivas, tais como relés, solenóides, motores passo a passo CC e bipolares, bem como outras cargas de alta corrente/alta tensão em aplicações de alimentação positiva. Os accionadores são activados em pares, com os accionadores 1 e 2 activados por 1,2EN e os accionadores 3 e 4 activados por 3

,4EN. Quando uma entrada de ativação é alta, os controladores associados são activados e as suas saídas estão activas e em fase com as suas entradas. Quando a entrada de ativação é baixa, esses controladores são desactivados e as suas saídas estão desligadas e no estado de alta impedância. Com as entradas de dados adequadas, cada par de controladores forma um acionamento reversível full-H (ou ponte) adequado para aplicações de solenoide ou motor.

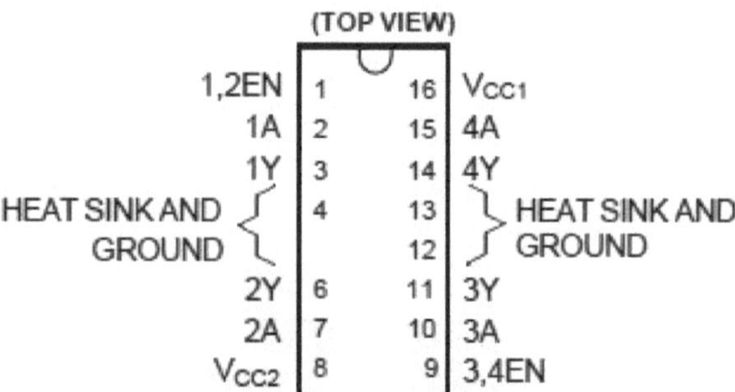

**Fig:4.10 Diagrama de pinos do driver de
motor L293D**

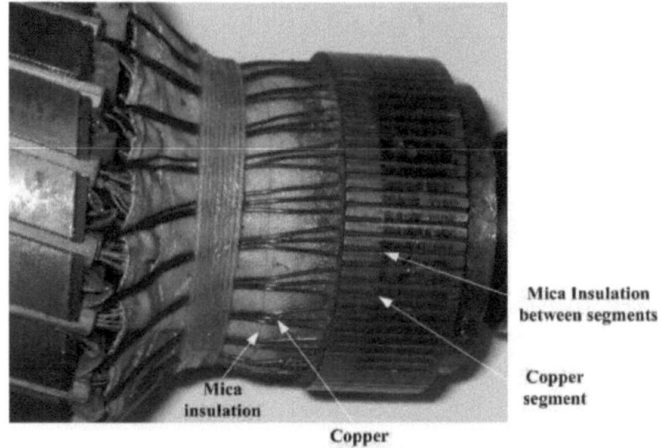

Fig:4.11 Cobertura do motor CC

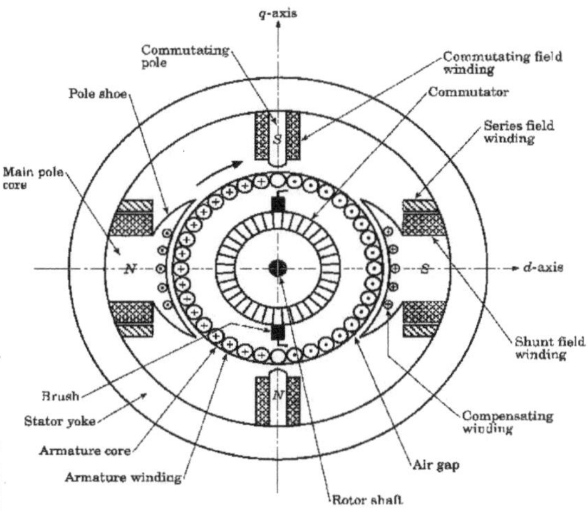

Fig: 4.12 Componentes do motor CC

O estator do motor CC tem pólos, que são excitados pela corrente CC para produzir campos magnéticos. Na zona neutra, no meio entre os pólos, são colocados pólos comutadores para reduzir as faíscas do comutador.

Tabela: 4.3 Tabela-verdade para a funcionalidade do acionador do motor

Pino 1	Pino 2	Pino 7	Função
Elevado	Elevado	Baixa	Rodar no sentido contrário ao dos ponteiros do relógio (inverter)

Elevado	Baixa	Elevado	Rodar no sentido dos ponteiros do relógio (para a frente)
Elevado	Elevado	Elevado	Parar
Elevado	Baixa	Baixa	Parar
Baixa	X	X	Parar

Alto ~+5V, Baixo ~0V, X=Alto ou baixo

4.5.10 SENSOR LDR

Os sensores de luz são dispositivos fotoeléctricos que convertem a energia da luz (fotões), quer seja luz visível ou infravermelha, num sinal elétrico (electrões). Um sensor de luz gera um sinal de saída que indica a intensidade da luz, medindo a energia radiante que existe numa gama muito estreita de frequências, basicamente designada por "luz", e que varia em frequência desde o espetro de luz "Infravermelho" ao "Visível" até ao "Ultravioleta". O sensor de luz é um dispositivo passivo que converte esta "energia luminosa", quer visível quer nas partes infravermelhas do espetro, num sinal elétrico de saída. Os sensores de luz são mais conhecidos como "dispositivos fotoeléctricos" ou "fotossensores" porque convertem a energia luminosa (fotões) em eletricidade (electrões). Os dispositivos fotoeléctricos podem ser agrupados em duas categorias principais: os que geram eletricidade quando iluminados, como os *fotovoltaicos* ou os *fotoemissivos*, etc., e os que alteram as suas propriedades eléctricas de alguma forma, como os *foto-resistores* ou os *fotocondutores*.

Fig:4.14 Sensor LDR

4.6 DESCRIÇÃO DO SOFTWARE

4.6.1 SOFTWARE ARDUINO:

O Arduino é uma ferramenta para criar computadores que podem sentir e controlar mais do mundo físico do que o seu computador de secretária. Trata-se de uma plataforma de computação física de código aberto baseada numa placa microcontroladora simples e num ambiente de desenvolvimento para escrever software para a placa. O Ambiente de Desenvolvimento Integrado Arduino - ou Arduino Software (IDE) - contém um editor de texto para escrever código, uma área de mensagens, uma consola de texto, uma barra de ferramentas com botões para funções comuns e uma série de menus. Liga-se ao hardware do Arduino para carregar os programas escritos com o Arduino Software (IDE), designados por sketches. Estes esboços são escritos no editor de texto e são guardados com a extensão de ficheiro. O editor tem funcionalidades para cortar/colar e para procurar/substituir texto. A área de mensagens dá feedback ao guardar e exportar e também apresenta erros. A consola apresenta o texto produzido pelo software Arduino (IDE), incluindo mensagens de erro completas e outras informações. O canto inferior direito da janela apresenta a placa e a porta série configuradas. Os botões da barra de ferramentas permitem-lhe verificar e carregar programas, criar, abrir e guardar esboços, e abrir o monitor de série. e comunicar com eles. O Arduino pode ser utilizado para desenvolver objectos interactivos, recebendo entradas de uma variedade de interruptores ou sensores e controlando uma variedade de luzes, motores e outras saídas físicas. Os projectos Arduino podem ser autónomos ou podem comunicar com software executado no seu computador (por exemplo, Flash, Processing, MaxMSP.) As placas podem ser montadas à mão ou compradas prémontadas; o IDE de código aberto pode ser descarregado gratuitamente. A linguagem de programação do Arduino é uma implementação do Wiring, uma plataforma de computação física semelhante, que se baseia no ambiente de programação multimédia Processing.

Fig:4.15 Arduino Uno

4.7 NORMAS IEEE

Várias normas do IEEE podem ser relevantes para um projeto como o Robô Inteligente de Deteção de Intrusão nas Fronteiras (IBIDR) que utiliza a IoT e sistemas incorporados para a segurança das fronteiras. Eis algumas delas:

- **IEEE 802.15.4**: Esta norma especifica a camada física (PHY) e a subcamada de controlo de acesso aos meios (MAC) para redes pessoais sem fios de baixa velocidade (LR-WPAN). O IBIDR pode utilizar a norma IEEE 802.15.4 para a comunicação sem fios entre os seus sensores, actuadores e a unidade central de controlo.

- **IEEE 802.11**: vulgarmente conhecida como Wi-Fi, esta norma define as especificações para as tecnologias de rede local sem fios (WLAN). A IBIDR pode utilizar a IEEE 802.11 para comunicações sem fios de alta velocidade entre a unidade de controlo central e as estações de monitorização externas ou centros de comando.

- **IEEE 802.1X**: Esta norma define o controlo de acesso à rede baseado em portas, fornecendo uma estrutura de autenticação para controlar o acesso aos recursos da rede. O IBIDR pode implementar a norma IEEE 802.1X para garantir uma comunicação segura entre o robô e a unidade de controlo central, especialmente quando transmite dados sensíveis.

- **IEEE 802.3**: Também conhecida como Ethernet, esta norma especifica as especificações da camada física e de ligação de dados para redes Ethernet com fios. Embora a IBIDR possa depender principalmente da comunicação sem fios, as normas IEEE 802.3 podem ser relevantes para o estabelecimento de ligações com fios em determinados cenários ou para a ligação à infraestrutura de rede em estações de base.

- **IEEE 1451**: Esta norma define uma família de normas de interface de transdutores inteligentes para sensores e actuadores, facilitando a interoperabilidade e a funcionalidade plug- and-play. A IBIDR pode aderir às normas IEEE 1451 para garantir a compatibilidade e a integração perfeita de sensores e actuadores de diferentes fabricantes. **IEEE 1588**: Também conhecida como Precision Time Protocol (PTP), esta norma especifica um protocolo para sincronizar relógios numa rede. O IBIDR pode utilizar o IEEE 1588 para sincronizar carimbos de data/hora em nós sensores distribuídos, assegurando uma recolha e análise de dados precisa e sincronizada.

- **IEEE 2030.5**: Esta norma define protocolos de comunicação e modelos de informação para a interoperabilidade de redes inteligentes, que podem ser relevantes se a IBIDR se integrar em infra-estruturas de redes inteligentes para gestão de energia ou troca de dados.

4.8 OBSTÁCULOS

- **Restrições orçamentais**: O projeto pode ser limitado por restrições orçamentais, exigindo uma atribuição cuidadosa de recursos para hardware, software, testes e outras despesas. O desenvolvimento do IBIDR deve respeitar o orçamento atribuído, assegurando simultaneamente que os componentes e funcionalidades essenciais não sejam comprometidos.

- **Restrições tecnológicas**: A disponibilidade de tecnologias, componentes e sensores adequados pode colocar restrições à conceção e às capacidades do IBIDR. O projeto deve ter em conta as limitações tecnológicas e as questões de compatibilidade ao selecionar os componentes de hardware e software para o robô.

- **Restrições de energia**: O funcionamento do IBIDR pode ser condicionado por limitações de energia, especialmente em zonas fronteiriças remotas onde o acesso à eletricidade pode ser limitado. O projeto deve incorporar estratégias de conceção eficientes em termos de energia e explorar fontes de energia alternativas, como painéis solares ou baterias recarregáveis, para garantir o funcionamento sustentado do robô.

- **Limitações ambientais**: O terreno acidentado e variado ao longo das regiões fronteiriças pode colocar desafios à mobilidade e funcionalidade do IBIDR. O projeto deve ter em conta factores ambientais como temperaturas extremas, terreno acidentado, vegetação e condições meteorológicas ao conceber o robô e ao selecionar sensores e actuadores adequados.

- **Restrições regulamentares**: Os requisitos regulamentares e as considerações legais podem impor restrições à implantação e funcionamento da IBIDR, especialmente em aplicações de segurança das fronteiras que envolvam vigilância e recolha de dados. O projeto deve cumprir os regulamentos relevantes, as leis de privacidade e as orientações éticas que regem a utilização de sistemas robóticos para fins de segurança das fronteiras.

- **Restrições de comunicação**: As capacidades de comunicação do

IBIDR podem ser limitadas por factores como a largura de banda limitada, a cobertura da rede e a interferência em zonas fronteiriças remotas. O projeto deve conceber protocolos e mecanismos de comunicação robustos para garantir a transmissão fiável de dados e a conetividade entre o robô e a unidade de controlo central.

- **Restrições operacionais**: Os requisitos operacionais e os condicionalismos dos organismos e do pessoal de segurança das fronteiras podem influenciar a conceção e a funcionalidade da IBIDR. O projeto deve ter em conta factores como a logística de implantação, os procedimentos de manutenção, os requisitos de formação e a interoperabilidade com as infra-estruturas de segurança das fronteiras existentes.

- **Restrições de segurança e proteção**: Garantir a segurança e a proteção da operação do IBIDR é fundamental, especialmente em ambientes sensíveis de segurança das fronteiras. O projeto deve incorporar características de segurança, mecanismos à prova de falhas e medidas de cibersegurança para mitigar os riscos associados aos sistemas robóticos autónomos e potenciais violações de segurança.

A resolução eficaz destes condicionalismos é essencial para o êxito da conceção, do desenvolvimento e da implantação da IBIDR como solução fiável e eficaz para reforçar a segurança das fronteiras através da Internet das coisas e das tecnologias de sistemas incorporados.

4.9 TROCAS COMERCIAIS

- **Custo vs. Desempenho:** Pode haver um compromisso entre o custo de implementação de sensores avançados, actuadores e tecnologias de comunicação e o desempenho e capacidades do IBIDR. Optar por componentes de custo mais elevado pode melhorar a precisão de deteção e o tempo de resposta do robô, mas pode também aumentar significativamente as despesas do projeto.

- **Complexidade vs. Fiabilidade:** Aumentar a complexidade da arquitetura de hardware e software do IBIDR para incorporar características e funcionalidades avançadas pode melhorar as suas capacidades, mas também pode introduzir potenciais pontos de falha e diminuir a fiabilidade global. Encontrar um equilíbrio entre complexidade e fiabilidade é crucial para garantir a robustez do sistema.

- **Consumo de energia vs. resistência:** Existe um compromisso entre minimizar o consumo de energia para prolongar a vida útil da bateria do IBIDR e maximizar a sua resistência operacional em ambientes fronteiriços remotos. A implementação de componentes e algoritmos eficientes em termos de energia pode prolongar a vida útil da bateria, mas também pode limitar o desempenho e a funcionalidade do robot.

- **Precisão da deteção vs. falsos alarmes**: O equilíbrio entre a precisão da deteção e a ocorrência de falsos alarmes é essencial para otimizar a eficácia do IBIDR na vigilância das fronteiras. O aumento da sensibilidade para detetar potenciais ameaças pode levar a um maior risco de falsos alarmes, enquanto que a redução da sensibilidade pode resultar em detecções falhadas.

- **Autonomia vs. Intervenção Humana:** Existe um compromisso entre o aumento da autonomia do IBIDR para operar de forma independente e a necessidade de intervenção e supervisão humanas. Embora o aumento da autonomia possa aumentar a eficiência e reduzir as necessidades de mão de obra, a manutenção do controlo e supervisão humanos é essencial para garantir a segurança, o cumprimento dos regulamentos e a gestão de situações inesperadas.

- **Escalabilidade vs. Personalização:** Equilibrar a escalabilidade com a personalização envolve determinar o grau em que a arquitetura de hardware e software do IBIDR pode ser padronizada e replicada para ser implementada em diferentes ambientes fronteiriços, ao mesmo tempo que acomoda os requisitos específicos e as restrições operacionais de cada local.

- **Velocidade vs. Furtividade: A** mobilidade do IBIDR pode ser optimizada em termos de velocidade para responder rapidamente a ameaças detectadas ou em termos de furtividade para patrulhar secretamente as zonas fronteiriças sem chamar a atenção. Pode haver um compromisso entre estes objectivos, uma vez que a maximização da velocidade pode comprometer a invisibilidade e vice-versa.
- **Compatibilidade vs. Inovação:** Pode haver um compromisso entre garantir a compatibilidade com as infra-estruturas de segurança das fronteiras existentes e a procura de tecnologias e abordagens inovadoras. É necessário encontrar um equilíbrio entre compatibilidade e inovação para tirar partido dos avanços e manter a interoperabilidade com os sistemas antigos.

A resolução destes problemas exige uma análise cuidadosa e a tomada de decisões ao longo das fases de conceção, desenvolvimento e implementação do IBIDR para otimizar o seu desempenho, fiabilidade e eficácia no reforço da segurança das fronteiras.

CAPÍTULO 5 - RESULTADO

O robô de vigilância será concebido para oferecer um nível razoável de eficiência e simplicidade, proporcionando a cada utilizador uma experiência de utilização simplificada. O objetivo do robô de vigilância é fornecer uma monitorização que inclua a visão e o movimento. O robô de vigilância pode ser personalizado para se adaptar sem problemas a qualquer armazém, armazém ou unidade de habitação múltipla. Com base em concepções modulares e total escalabilidade, o robô de vigilância foi concebido para ser expansível e permitir futuras actualizações de controlo, melhorando assim a acessibilidade do utilizador e proporcionando uma saída eficiente do sistema tradicional.

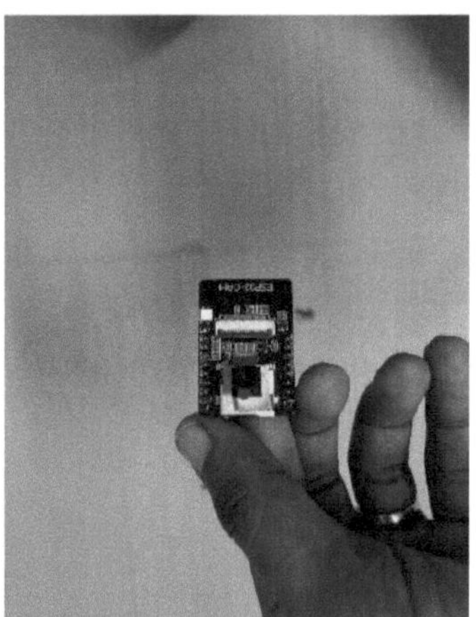

FIG:5.1 Módulo de câmara

5.1 MÓDULO DE CÂMARA

O módulo de câmara utilizado no projeto serve como um componente essencial para a vigilância visual e monitorização ao longo da fronteira. Envolvido numa caixa de proteção, este módulo é composto por um sensor de câmara digital compacto e pelos circuitos associados. A sua função principal é captar imagens fixas ou imagens de vídeo da zona fronteiriça, facilitando a recolha de dados visuais para fins de vigilância. Equipado com um sensor de imagem de alta resolução, o módulo de câmara assegura a captura de imagens detalhadas e nítidas, vitais para identificar com precisão objectos, indivíduos ou potenciais ameaças ao longo da fronteira.

A resolução do módulo da câmara desempenha um papel significativo na determinação do nível de detalhe capturado nas imagens ou vídeos. As câmaras de alta resolução são capazes de captar imagens mais complexas, permitindo a identificação e análise precisas de objectos dentro da área de vigilância. Esta resolução elevada aumenta a eficácia da vigilância das fronteiras, permitindo que o pessoal de segurança monitorize e responda a potenciais ameaças com maior precisão.

Fig:5.2 Modelo do robô (vista frontal)

5.2 VISTA FRONTAL DO ROBOT

Acima do conjunto de sensores, pode existir um módulo de câmara, que serve de "olhos" do robô para captar dados visuais do ambiente. Este módulo de câmara é frequentemente montado num mecanismo de rotação e inclinação, permitindo-lhe rodar e inclinar para ajustar o seu campo de visão conforme necessário. Além disso, a vista frontal pode apresentar outros sensores, como sensores de temperatura ou detectores de metais, estrategicamente posicionados para detetar parâmetros ambientais específicos ou ameaças. À frente do corpo principal, pode haver um para-choques ou uma proteção para proteger os componentes sensíveis do robô de colisões ou impactos com obstáculos. Este para-choques pode estar equipado com sensores tácteis ou interruptores de impacto para detetar o contacto com objectos e desencadear manobras de evasão.

Fig:5.3 Modelo do robô (vista superior)

5.3 VISTA SUPERIOR DO ROBOT

A vista superior do robô oferece uma perspetiva panorâmica, mostrando a disposição e o arranjo dos componentes situados no topo do chassis do robô. Nesta vista, o foco principal é normalmente o posicionamento dos sensores, módulos de controlo e outros elementos essenciais para a funcionalidade do robô. No centro da vista superior, o corpo principal ou chassis do robô serve de base sobre a qual são montados todos os outros componentes. À volta do chassis, pode observar-se um conjunto de sensores estrategicamente posicionados para proporcionar uma cobertura abrangente do ambiente do robô. Pode incluir câmaras para vigilância visual, sensores PIR para deteção de movimento, sensores ultra-sónicos para evitar obstáculos e outros sensores especializados, dependendo da aplicação específica, como sensores de temperatura ou detectores de metais. Montados sobre o conjunto de sensores, podem encontrar-se módulos ou componentes adicionais essenciais para o funcionamento do robô. Estes podem incluir um módulo de comunicação, como um módulo Wi-Fi ou Bluetooth, que permite a conetividade sem fios para transmissão de dados e controlo remoto. Além disso, pode existir uma unidade de processamento, como um microcontrolador ou um computador de placa única, responsável pela execução de algoritmos de controlo, pelo processamento de dados dos sensores e pela coordenação das acções do robô.

FIG:5.4 ECRÃ DE SAÍDA

5.4 ECRÃ DE SAÍDA

O ecrã de saída serve como interface principal para os utilizadores interagirem e receberem informações do sistema robótico. Normalmente, inclui uma unidade de visualização, como um ecrã LCD ou um painel LED, integrada na interface de controlo do robô ou num dispositivo de monitorização externo. Este ecrã oferece aos utilizadores feedback em tempo real, actualizações de estado e representações visuais dos dados recolhidos pelos sensores e sistemas do robô. Por exemplo, apresenta leituras de vários sensores instalados no robô, incluindo sensores de temperatura, movimento, distância e ambiente. Durante a navegação autónoma ou operações de controlo remoto, o ecrã de saída desempenha um papel crucial no fornecimento de feedback de navegação. Apresenta informações sobre a posição, orientação e trajetória actuais do robô, permitindo aos utilizadores monitorizar o seu movimento em tempo real.

CAPÍTULO 6 - CONCLUSÃO

Em conclusão, o desenvolvimento do Robô Inteligente de Deteção de Intrusão de Fronteiras (IBIDR) representa um avanço significativo na tecnologia de segurança de fronteiras, aproveitando a IoT e os sistemas incorporados para melhorar as capacidades de vigilância ao longo das fronteiras nacionais. Através de uma conceção, integração e testes meticulosos, o IBIDR oferece uma solução versátil e eficaz para detetar e responder a intrusões e actividades não autorizadas em tempo real. Ao incorporar sensores avançados, algoritmos inteligentes e operação autónoma, a IBIDR demonstra o potencial para melhorar significativamente as medidas de segurança nas fronteiras, fornecendo uma plataforma escalável e adaptável para implantação em diversos ambientes fronteiriços. A sua capacidade de patrulhar autonomamente, detetar ameaças e iniciar acções de resposta contribui para a eficácia e eficiência globais das operações de vigilância das fronteiras. Além disso, o projeto realça a importância da colaboração interdisciplinar, das considerações éticas e da conformidade regulamentar no desenvolvimento e implantação de sistemas robóticos para aplicações de segurança das fronteiras. Ao abordar os desafios tecnológicos, as restrições operacionais e as implicações éticas, o IBIDR pretende servir como uma ferramenta valiosa para as agências de segurança das fronteiras na salvaguarda das fronteiras nacionais e na proteção da segurança dos cidadãos.

6.1. TRABALHO FUTURO

O trabalho futuro do projeto implica várias vias de exploração e desenvolvimento para melhorar ainda mais as capacidades do Robô Inteligente de Deteção de Intrusão nas Fronteiras (IBIDR). Em primeiro lugar, a integração de sensores avançados como o LiDAR, o radar ou a imagem hiperespectral poderia alargar significativamente as capacidades de deteção do IBIDR, permitindo-lhe identificar uma gama mais vasta de ameaças, incluindo objectos ou indivíduos escondidos. Em segundo lugar, o aperfeiçoamento das capacidades de navegação autónoma da IBIDR através do avanço dos algoritmos de planeamento de trajectos, das estratégias de prevenção de obstáculos e das técnicas de localização aumentará a sua capacidade de navegar eficazmente em terrenos complexos e ambientes dinâmicos. Além disso, a incorporação de inteligência artificial (IA) e de técnicas de aprendizagem automática poderá permitir que a IBIDR se adapte e aprenda com o que a rodeia, melhorando a sua precisão na deteção de ameaças e reduzindo os falsos alarmes ao longo do tempo. Por último, a melhoria da robustez e da resiliência da IBIDR às condições ambientais

factores, ataques adversários e falhas técnicas, através de mecanismos de redundância e estratégias de tolerância a falhas, assegurará a sua eficácia e fiabilidade na salvaguarda das fronteiras nacionais.

REFERÊNCIAS

[1] Ashish U. Bokade; V. R. Ratnaparkhe, "Video robot control using smartphone and Raspberry pi", 24 de novembro de 2016, Conferência Internacional sobre Comunicação e Processamento de Sinais (ICCSP), Melmaruvathur, Índia.

[2] Ghanem Osman Elhaj Abdalla; T. Veeramanikandasamy, "Implementation of spy robot for a surveillance system using Internet protocol of Raspberry Pi",15 de janeiro de 2017 na 2.ª Conferência Internacional do IEEE sobre Tendências Recentes em Eletrónica, Tecnologias da Informação e da Comunicação (RTEICT), Bangalore, Índia.

[3] Jae-Seong Han; Sang-Hoon Ji; Kyung-Ha Kim; Sang-Moo Lee; Byung-Wook Choi, "Collective robot behaviour controller for a security system using open SW platform for a robotic service", 19 de dezembro de 2011, 11.ª Conferência Internacional sobre Controlo, Automação e Sistemas, Gyeonggi- do, Coreia do Sul.

[4] Ki Sang Hwang; Kyu Jin Park; Do Hyun Kim, "Development of a mobile Surveillance robot", 17-20 de outubro de 2007, Conferência Internacional sobre Controlo, Automação e Sistemas, realizada em Seul, Coreia do Sul.

[5] Kyunghoon Kim; Soonil Bae; Kwanghak Huh, "Intelligent surveillance and security robot systems", 28 de outubro de 2010 IEEE Workshop on Advanced Robotics and its Social Impacts, Seul, Coreia do Sul

[6] R. Karthikeyan; Ṣ Karthik; Prasanna Vishal TR; S. Vignesh, "Snitch: Design and development of a mobile robot for surveillance and reconnaissance", 13 de agosto de 2015, Conferência Internacional sobre Inovações em Sistemas de Informação, Incorporados e de Comunicação (ICIIECS), Coimbatore, Índia.

[7] T.M. Sobh; R. Sanyal; Bei Wang, "Remote surveillance via web-controlled mobile robots", Proceedings World Automation Congress, 20 de junho de 2004, Sevilha, Espanha.

[8] Yungeun Choe; Myung Jin Chung, "System and Software architecture for autonomous Surveillance robots in urban environments" ,2012 9th International Conference on Ubiquitous Robots and Ambient Intelligence (URAI)Daejeon, South Korea.

Printed by Books on Demand GmbH, Norderstedt / Germany